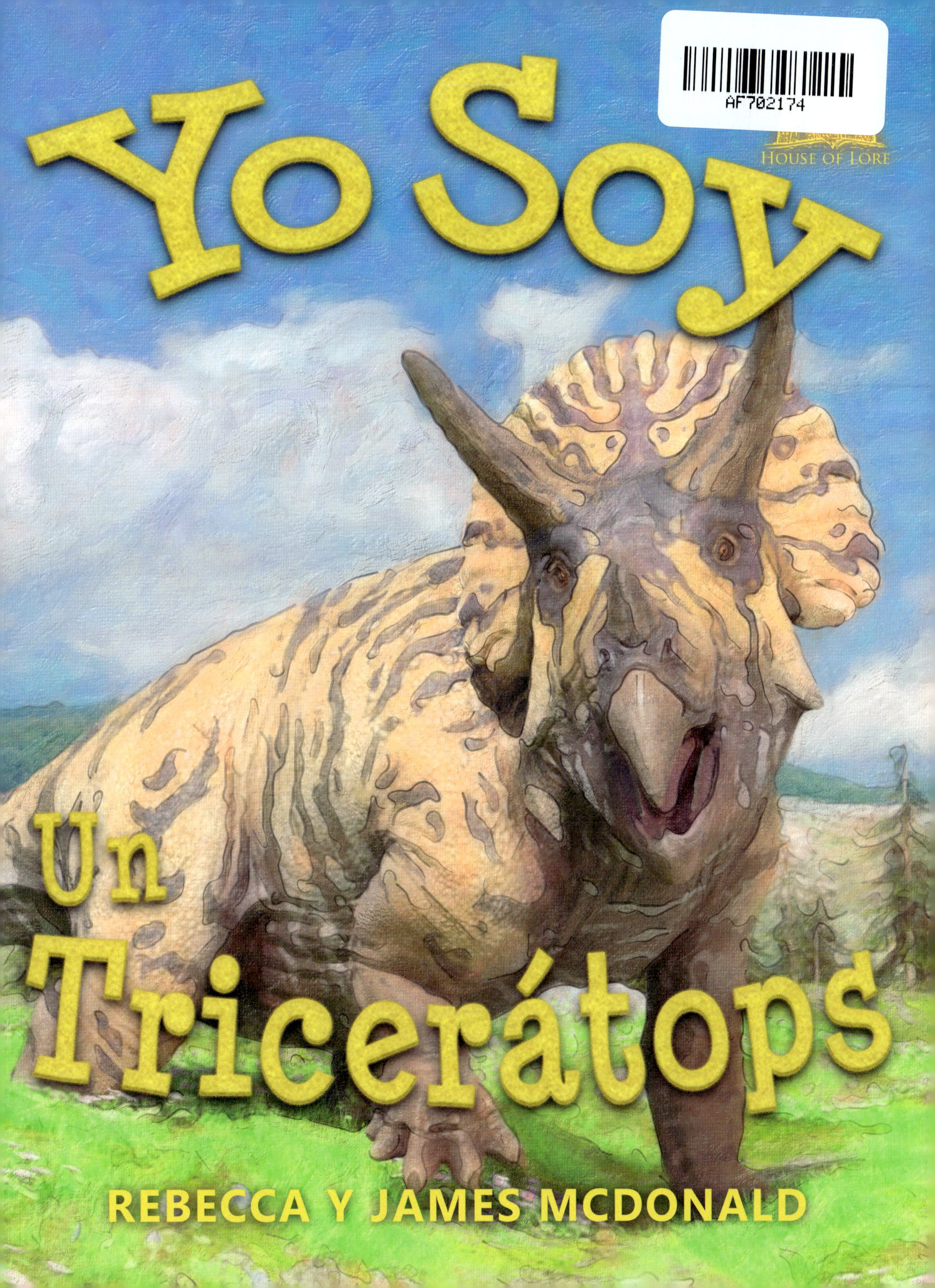

Yo Soy Un Tricerátops

REBECCA Y JAMES MCDONALD

Yo soy un Tricerátops. Caminé por la Tierra hace millones de años, comiendo de arbustos y plantas frondosas.

Mi nombre Tricerátops significa cara de tres cuernos.

Los científicos llaman a los dinosaurios como yo que comen plantas, caminan sobre cuatro patas, tienen cuernos, un collarín de huesos y un pico, un Ceratopsiano.

Tengo un pico afilado que puede cortar la madera más dura. Mi cabeza se inclina hacia el suelo, así que es fácil encontrar plantas para comer.

Tengo muchísimos dientes unidos para morder plantas duras. Si pierdo un diente, no tengo que preocuparme, porque siempre vuelven a crecer.

Soy más pequeño que muchos dinosaurios, pero también soy más pesado. Si veo hojas sabrosas en la cima de un árbol, ser pequeño no me detiene. Puedo usar mi cabeza y mi cuerpo fuerte para derribar el árbol.

A veces me gusta pasear solo, comiendo plantas y arbustos. Otras veces, me gusta caminar en un grupo de Tricerátops. Corremos y aplastamos cosas, y de vez en cuando, algunos de nosotros podríamos incluso chocar los cuernos.

Mi cuerno está hecho de un hueso fuerte, como el collarín que cubre mi cabeza y protege mi cuello. Si un dinosaurio carnívoro trata de morderme, mi collarín es un escudo.

Como mi collarín me protege, puedo usar mi cuerno para defenderme. A veces un golpe fuerte es todo lo que se necesita para alejar a un dinosaurio.

Yo también uso mi collarín para otras cosas. Es más ancho que mi cuerpo y me hace parecer más grande, así que puedo asustar a los dinosaurios que quieren comerme.

Algunos científicos piensan que mi collarín también lo uso para protegerme cuando el sol está muy caliente.

En los días fríos, mi collarín absorbe el calor del sol.

Solo porque sea grande y pesado y con una cabeza muy grande, no significa que sea lento. Los científicos creen que puedo correr tan rápido como un rinoceronte.

Si otro dinosaurio intenta atraparme, puedo correr y derribarlos con mi collarín y mi cuerno.

Como otros dinosaurios, nací de un huevo. Tuve que empezar a comer de inmediato para crecer así de grande.

Cuando era pequeño, mi cuerno y mi collarín eran más pequeños, así que no era fácil defenderme, pero era rápido y podía esconderme.

Los científicos creen que a veces podría haber viajado con otros miembros de mi familia en grupos pequeños. Como un joven Tricerátops, esto me ayudó a sobrevivir.

Soy un dinosaurio fuerte, y soy uno de los últimos que sobrevivió antes de que todos los dinosaurios desaparecieran.

Se han encontrado grandes grupos de huesos de Tricerátops en áreas donde el agua inundó la tierra. Como somos muy pesados, los Tricerátops no somos muy buenos nadadores.

Muchos de mis huesos han sido encontrados, pero gran parte de cómo viví sigue siendo un misterio. Los científicos todavía están buscando fósiles para entender más sobre mi vida.

¿Puedes pensar en otras maneras en que los Tricerátops podrían haber usado sus cuernos?

¿Puedes nombrar algo que los Tricerátops tienen en común con las aves?

¿Por qué crees que los Tricerátops a veces viajaban en grupos pequeños con miembros de su familia?

¿Por qué crees que los Tricerátops necesitaban tantos dientes fuertes que siempre volvían a crecer?

Yo Soy un Tricerátops

Translated by The Spanish Group LLC

ISBN: 978-1-950553-13-6
Primera edición de pasta blanda de House of Lore, 2019
Visítanos en www.HouseOfLore.net

Mira también estos otros libros de House of Lore

Made in the USA
Monee, IL
11 September 2026

62770634R00029